Descripção de algumas especies novas ou pouco conhecidas de crustaceos e arachnidios de Portugal e possessões portuguezas do ultramar

Felix Antonio de Brito Capello

Alpha Editions

This edition published in 2022

ISBN : 9789357381987

Design and Setting By
Alpha Editions
www.alphaedis.com
Email - info@alphaedis.com

DESCRIPÇÃO DE ALGUMAS ESPECIES NOVAS

OU POUCO CONHECIDAS

DE

CRUSTACEOS E ARACHNIDIOS DE PORTUGAL

E POSSESSÕES PORTUGUEZAS DO ULTRAMAR

O Museu de Lisboa recebeu ultimamente uma excellente collecção zoologica, composta de representantes de diversas classes e ordens, proveniente d'uma exploração emprehendida pelo sr. José d'Anchieta, de seu motu proprio e a expensas suas, em varios pontos da Africa occidental portugueza, taes como Loango, Cabinda, Rio Quilo, etc.

Entre o grande numero de insectos que constituem uma parte muito interessante d'esta collecção, coube-nos estudar os insectos apteros ou arachnidios, que comprehendem especies muito notaveis, não só pela sua raridade, como por serem algumas, ao que nos parece, totalmente desconhecidas.

Julgamos util ir tornando conhecidas desde já estas especies, á proporção que as formos estudando e desenhando, não porque seja esta a ordem mais regular e methodica a seguir, mas, em primeiro logar para que não esteja por muito tempo desconhecida uma parte tão interessante da nossa fauna colonial; e em segundo logar, para evitar que se repita o que ha pouco tempo succedeu: referimo-nos ao facto da publicação e descripção de especies, que o Museu de Lisboa possuia ha bastante tempo, e que nós por hesitação e receio de apresentar como novas, sendo já conhecidas, não tinhamos descripto, embora estivessemos convencidos de serem inéditas.

Entre os arachnidios que fazem parte das collecções do Museu, e que iremos descrevendo juntamente com os do sr. Anchieta, temos especies provenientes de diversas possessões portuguezas d'Africa oriental e occidental, India, etc.: algumas d'estas especies pertencem ás collecções enviadas do Duque de Bragança pelo sr. Pinheiro Bayão.

Incluimos egualmente n'esta serie de publicações irregulares, as descripções das especies novas de crustaceos dos nossos mares e das possessões portuguezas, que ha muito tempo temos estudadas: é mesmo por ellas que vamos começar.

CRUSTACEOS

CRUSTACEA MAIOIDEA

Subtribu **PARTHENOPINEA**

Familia **PARTHENOPIDAE**

Genus **Lambrus**

Lambrus setubalensis. Nob. (Pl. I, fig. 2)

Carapaça com a fórma d'um losango: quatro grandes proeminencias, duas na linha mediana correspondendo ás regiões gastrica e genital, duas sobre as regiões das guelras.

Fronte triangular, muito inclinada. Bordos latero-anteriores com seis dentes arredondados: uma grande chanfradura separa estes bordos da região post'orbitaria que é muito desenvolvida. Bordos latero-posteriores com alguns dentes.

Patas dos quatro ultimos pares delgadas, muito comprimidas, com arestas salientes nos bordos superior e inferior; tuberculos dentiformes nos dois bordos de todos os artigos no quinto par, e sómente no terceiro artigo nos outros pares de patas. Falta o primeiro par no exemplar unico que possuimos.

Côr pardo escuro.

Comprimento $0^m,013$

Largura 0m,013

Encontrado na bahia de Setubal em consequencia de uma dragagem dirigida pelo sr. João de Brito.

Não hesitámos em considerar o specimen que descrevemos como uma especie nova, apesar da falta do primeiro par de patas (falta aliás bastante sensivel na descripção das especies d'este genero), porque os seus caractéres são realmente bastante distinctos dos de todas as outras especies do mesmo genero, quer dos mares da Europa, descriptas por M. Edwards, Risso, Heller, etc., quer exoticas descriptas por M. Edwards, Dana, F. Krauss, etc.

Carapace en forme de losange: quatre grandes elèvations se trouvent sur le dos, deux sur les régions gastrique et génitale, les autres sur les régions branchiales.

Front triangulaire, très incliné. Bords latéro-antérieurs avec six dents arrondies. Une grande échancrure sépare ces bords de la région post'orbitaire qui est assez développée. Bords latéro-postérieurs avec quelques dents.

Pattes des quatre dernières paires minces, très comprimées, avec des crêtes saillantes aux bords supérieur et inférieur. Ces crêtes sont denticulées dans tous les articles de la cinquiéme paire et seulement sur le troisième article dans les autres paires de pattes.

Couleur brun rougeâtre.

Longueur égale à la largeur 0m,013

Rencontré par dragage dans la baie de Setubal par M. João de Brito.

Nous n'avons pas hesité à considérer cette espèce comme inédite, malgré l'absence de la première paire de pattes, parceque ses caractères sont en realité assez distincts de ceux de toutes les autres espéces de ce genre tant des mers de l'Europe décrites par MM. M. Edwards, Risso, Heller etc.; comme des autres mers décrites par MM. Edwards, Dana, F. Krauss. etc.

CRUSTACEA CANCROIDEA

Familia **CANCRIDAE**

Subfamilia **XANTHINAE**

Genus **Actaea**—De Haan.

Actaea angolensis. Nob. (Pl. I, fig. 3)

Carapaça cheia de rugas tuberculiformes muito salientes, vermiculadas, e mostrando nos intervallos sulcos muito profundos: estas rugas descrevem figuras regulares, symetricamente dispostas nas diversas regiões, e são formadas por granulos muito unidos e apenas perceptiveis.

Fronte bilobada: bordos latero-anteriores sem denticulações distinctas, mas apresentando de cada lado 4 recortes tuberculosos, dos quaes um está no angulo de juncção do bordo latero-anterior com o latero-posterior.

Os bordos latero-anteriores não se ligam ao bordo front'orbitario, porém descem a juntar-se aos angulos anteriores do quadro buccal. (V. est. 1.ª, fig. 3-a.)

Patas cobertas externamente por tuberculos e rugas regularmente dispostas; franjadas nos bordos por pellos compridos e macios. Dedos com canelluras profundas, e dentes rombos.

Regiões pterigostomias granulosas, e cobertas de pellos macios e compridos.

Côr vermelha em geral com manchas amarellas irregulares.

Habita os mares de Angola. Enviada pelo sr. Pinheiro Bayão.

Carapace couverte de plis tuberculiformes bien saillants, vermiculés, et laissant entr'eux des sillons très profonds: ces plis sont disposés de manière à former des figures regulières, symetriquement disposées sur les diverses régions, et sont constituées par des petits grains très unis.

Front bilobé: bords latèro-antérieurs non dentelés, mais présentant de chaque côté 4 lobules tuberculeux, dont un est à la jonction des bord latéro-antérieur et latéro-postérieur.

Les bords latéro-antérieurs au lieu de se joindre au bord front'orbitaire, descendent vers les angles antérieurs du cadre buccal. (Pl. 1re, f. 3-a.)

Pattes couvertes sur leur face externe par des tubercules et des plis formant des dessins réguliers, et garnies de poils longs et minces sur leurs bords: des canelures profondes, et des dents obtuses sur les doigts.

Régions ptérygostomiennes granuleuses, couvertes par des poils longs et laineux.

Teinte générale rouge, avec des taches jaunes irréguliers.

Habitat: mers de Angola. Afrique occidentale. Envoyée par M. Pinheiro Bayão.

O sr. Dana na sua descripção dos crustaceos da America, tratando do grupo que denomina *Crustacea Macroura*, subtribu *Caridea*, divide a familia *Atyidae* em duas subfamilias *Atyinae* e *Ephyrinae* das quaes os caractéres differenciaes são: na primeira, a existencia de mãos com o carpo escavado no bordo anterior, e dando inserção á porção palmar pela ponta inferior da especie de crescente formado por aquella escavação; e na segunda a existencia de appendices palpiformes em algumas das patas thoracicas, appendices que não existem na primeira.

Os generos de qualquer d'estas subfamilias apresentam um dos caractéres descriptos com exclusão do outro; por consequencia qualquer crustaceo que apresentar estes caractéres simultaneamente não póde ser incluido em nenhum d'aquelles generos.

Dá-se no entanto esta circumstancia no crustaceo que vamos descrever; e com quanto quizessemos evitar o augmento das divisões, já tão numerosas, creando um genero novo, vemo-nos obrigados a fazel-o pela razão exposta.

Não nos julgando comtudo auctorisados a alterar a ordem na divisão d'aquella familia, collocaremos provisoriamente o novo genero na subfamilia *Ephyrinae* por ser o seu caracter principal de maior importancia (segundo o auctor citado), do que a conformação anormal das mãos, caracter privativo da subfamilia *Atyinae.*

O genero novo denominal-o-hemos *Atyaephyra* para mostrar que participa dos caractéres de uma e outra subfamilia.

CRUSTACEA MACRURA

Subtribu **CARIDEA**

Familia **ATYIDAE**

Subfamilia **Ephyrinae**

Novum genus **ATYAEPHYRA**

Patas maxillas do 2.° par curtas, lamellosas, com um appendice palpiforme comprido; as do 1.° par pediformes, delgadas, munidas na base de um appendice palpiforme comprido e de um appendice flagelliforme rudimentar, composto de uma lamina foliacea e um pincel de fios capillares.

1.° e 2.° pares de patas thoracicas didactilas, deseguaes, e munidas de appendices identicos.

3.° e 4.° pares com o appendice flagelliforme sómente.

5.° par sem appendice algum.

Primeiro par, com o carpo curto e escavado [6] no bordo anterior; mão articulando-se com elle pelo lobulo inferior d'aquella escavação: a mão não é articulada, como de ordinario, pelo bordo posterior, mas sim pelo meio do bordo inferior, de maneira que na posição normal o bordo posterior entra na escavação do carpo: mão conformada como de ordinario.

Segundo par com o carpo mais comprido; tambem escavado no bordo anterior: conformação e articulação da mão como no primeiro par.

Seis pares de guelras lamelliformes.

Rostrum grande, multidentado.

Antennas internas com dois appendices terminaes.

Pattes machoires de la deuxième paire courtes, lamelleuses, avec un appendice palpiforme long: celles de la première paire pediformes, minces, ayant à la base un appendice palpiforme long, acompagné d'un appendice flagelliforme rudímentair; ce dernier organe est composé d'une lame foliacée et d'un pinceau de poils très minces.

1e et 2e paires de pattes thoraciques didactyles, inégales, avec des appendices identiques.

3e et 4e paires avec l'appendice flagelliforme seulement.

5e paire sans aucun appendice.

Première paire avec le carpe court, excavé au bord antérieur; main articulée par le lobule inférieur du carpe: cette articulation ne se fait pas, comme d'ordinaire, par le bord postérieur de la main, c'est au milieu du bord inférieur que le carpe vient s'adapter, de maniére que dans la position normale le bord postérieur de la main entre dans l'excavation du carpe: de reste la main est conformée comme d'ordinaire.

Dans la planche première f. 1-d-e, on voit representée cette articulation et conformation de la main; on voit que par l'articulation il y en a beaucoup d'analogie avec le genre *Atya* (f. 1, f. g); tandis que par la conformation de la main, notre genre en differe assez.

Six paires de branchies lamelliformes.

Rostre grand, multidenté.

Antennes internes avec deux appendices terminales.

Atyaephyra Rosiana. Nob. (Pl. I, fig. 1)

Rostrum grande, comprimido lateralmente, medindo quasi o comprimento da carapaça; em cada face existe uma aresta muito saliente que parte da base e se prolonga até á ponta. No bordo superior existem 26 a 30 dentes espiniformes, dos quaes 5 a 6 estão sobre a carapaça. No meio do bordo inferior existe um alargamento onde se acham 6 a 8 dentes triangulares (V. est. 1.ª, fig. 1-a): os dentes do bordo superior chegam á ponta sem que esta seja bifurcada.

Carapaça lisa, arredondada, sem aresta na parte superior: o seu comprimento, excluindo o rostro, é proximamente um terço do comprimento total. No bordo anterior existem 4 grandes espinhos; 2 na base do rostrum um pouco levantados e divergentes, os outros collocados de um e outro lado entre cada um d'aquelles e o angulo anterior da carapaça. (Est. 1.ª, fig. 1, 1-a.)

Antennas internas com os artigos basilares grandes; artigos terminaes mais compridos que a carapaça, eguaes em comprimento,[7] um d'elles mais grosso na metade inferior, o outro adelgaçando uniformemente para o extremo. Externamente e na base dos artigos basilares existe um grande e agudissimo espinho.

Antennas externas grandes; appendice lamelloso elyptico; um dente espiniforme na base do primeiro artigo.

Artigos terminaes grandes, medindo proximamente o comprimento total.

Abdomen ligeiramente comprimido; o segundo artigo sobreposto ao primeiro e terceiro como nos generos d'esta tribu.

Patas natatorias com dois appendices foliaceos.

Lamina caudal mediana triangular, aguda no extremo, com tres espinhos de cada lado na metade posterior.

O comprimento relativo das patas é: 3.ª, 4.ª, 5.ª, 2.ª, 1.ª

Comprimento total $0^{m},035$.

Côr de carne deslavado, com pintas côr de rosa.

Encontrado em uma valla proximo de Coimbra.

Dedicámos esta especie ao sr. Rosa de Carvalho, que nol-a enviou, por isso que o Museu de Lisboa, deve ao seu infatigavel zelo muitos e variados specimens da fauna portugueza.

Rostre grand, comprimé latéralement, à peu près de la longeur de la carapace: une crête très saillante à chaque face dans toute sa longeur: 26 à 30 dents spiniformes au bord supèrieur dont 5 ou 6 sur la carapace. Au milieu du bord inférieur est un elargissement oú se trouvent 6 à 8 dents triangulaires grandes: les dents du bord supérieur vont jusqu'à la pointe du rostre, sans que celle-ci soit bifurquée.

Carapace, arrondie, sans crête au bord supérieur; sa longeur, hors le rostre est à peu près egale au tiers de la longeur totale.

Quatre grandes épines existent au bord antérieur, deux à la base du rostre, un peu divergentes, les autres à égales distances entre ces dernières et les angles antérieurs de la carapace. (Pl. 1e, fig. 1, 1-a.)

Antennes internes avec les articles basilaires grands; les articles terminales plus longs que la carapace, à longeurs égales; l'un plus gros à la moitiée inférieure, l'autre s'amincyssant regulièrement vers l'extrémité. Dans la base des articles basilaires existe une épine très aiguë et très grande.

Antennes externes, grandes, appendice lamelleux eliptique; une dent spiniforme dans la base du premier article.

Articles terminales grands, à peu près de la longeur du corps.

Abdomen légèrement comprimé.

Pattes natatoires avec deux appendices foliacés.

Lame caudale mitoyenne triangulaire, aiguë à l'extremité avec trois épines à chaque bord.

La longeur proportionelle des pattes est: 3e, 4e, 5e, 2e, 1e.

Longeur totale 0m,035.

Teinte générale, rose clair avec des petits points carminés.

Portugal (Coimbra), M. Rosa.

ARACHNIDIOS

Tribu **OCTONOCULINA**

Familia **EPEIRIDAE**

Genus **Paraplectana**. Nob.

O sr. Blackwall distincto arachnologista inglez, publicou ha pouco[1] a descripção de duas especies de arachnidios que inclue no genero *Eurysoma* (Koch). A descripção minuciosa que aquelle auctor faz das duas especies, leva-nos a crêr que são congeneres de duas outras que recebemos de Angola, (Africa occidental); no emtanto julgamos necessario substituir o nome generico *Eurysoma* por *Paraplectana*, por isso que o primeiro já tinha sido adoptado para designar dois generos, um de insectos coleopteros e outro de helminthas[2].

Incluimos ainda n'este genero a *Plectana paradoxa* de Walckenaer[3]. Fica pois constituido por esta especie, as duas do sr. Blackwall, a *Gasteracantha hemisphaerica* de Koch, e as duas especies da Africa occidental.

1	*Paraplectana*	*Torntoni*. Black.	} Com intima affinidade
2	»	*cabindae*. Nob.	
3	»	*Walleri*. Black.	} Id
4	»	*hemisphaerica*. Koch.	
5	»	*Anchietae*. Nob.	
6	»	*paradoxa*. Walck.	

M. Blackwall, arachnologiste très distingué, a publié dans ces derniers temps la description de deux espèces d'arachnides qu'il rapporte au genre *Eurysoma* de Koch[1]. D'après les descriptions très détaillées de cet auteur, nous croyons devoir regarder comme congênères de ces espèces, deux autres que nous avons reçues d'Angole, (Afrique occidentale); seulement il nous a semblé nécessaire de substituer le nom *Paraplectana* à celui de *Eurysoma*, ce dernier ayant été précédement choisi, pour désigner deux genres, l'un d'insectes coléoptères, l'autre d'helminthes[2].

Nous comprenons encore dans ce genre la *Plectane paradoxe* de Walk.[3]. Il restera donc constitué par cette espèce, celles de M. Blackwall, la *Gasteracantha hemisphaerica* de Koch, et les deux espèces de l'Afrique occidentale.

1	*Paraplectana*	*Torntoni*. Black.	Étroitement alliées
2	»	*cabindae*. Nob.	
3	»	*Walleri*. Black.	Id
4	»	*hemisphaerica*. Koch.	
5	»	*Anchietae*. Nob.	
6	»	*paradoxa*. Walck.	

1 Paraplectana-Cabindae. Nob. (Pl. II, fig. 6)

Olhos dispostos como no genero *Plectana*.

Abdomen proximamente elyptico, convexo, deprimido circularmente no contorno, onde existe um rebordo em cordão: escavado na face ventral especialmente na parte anterior, onde se occulta em parte o cephalothorax, que se articula pouco mais ou menos no meio d'esta face. Aos lados d'esta depressão existem duas outras depressões curvas, onde se introduzem de um e outro lado os *genuaes* das patas, quando o araneido as occulta debaixo do abdomen.

Cephalothorax com a região cephalica elevada, quadrada na parte anterior e juntando-se á região dorsal por um plano inclinado abrupto.

Região dorsal arredondada aos lados e posteriormente.

Abdomen, preto, liso; dezenove manchas de cor amarello-brilhante na face dorsal; dezeseis arredondadas dispostas circularmente no contorno e tres no meio, das quaes uma central alongada e duas lateraes reniformes. Vinte e tres pontos deprimidos, mais escuros que a côr geral, se acham dispostos entre estas manchas, quinze entre as manchas do contorno e oito em duas series longitudinaes aos lados da mancha central.

Sterno, anca, exinguinal, e metade do femural amarello torrado; o resto das patas preto.

Largura do abdomen				0m,0130
Comprimento				0m,0100
»	do	cephalothorax		0m,0045
»	da	1.ª	pata	0m,0120
»	»	2.ª	»	0m,0110
»	»	3.ª	»	0m,0090
»	»	4.ª	»	0m,0130

Patria: Cabinda (Angola, Africa occidental.)

Sr. José d'Anchieta.

Yeux disposés comme dans le genre *Plectane.*

Abdomen à peu près elyptique, convexe, déprimé au partour, où existe un rebord en cordon: présentant à la partie antérieure de la face ventrale une dépression dans laquelle vient se loger presque entiérement le cephalothorax, dont le pédoncule répond à peu près au milieu de cette face. De chaque côté existent deux sillons courbes dans lesquels s'engagement les genuaux des pattes lorsque l'aranéide les cache sous l'abdomen.

Céphalothorax avec la région céphalique élevée á la partie antérieure et se joignant á la région dorsale par une pente rapide.

Région dorsale, arrondie sur les côtés et en arrière.

Abdomen noir, lisse: dixneuf taches jaunes d'or à la face dorsale; seize arrondies disposées circulairement au partour, trois au milieu, dont une centrale allongée, et deux latérales réniformes. Vingt trois points déprimés noir foncé, quinze entre les taches du partour, huit en deux séries longitudinales aux côtés de la tache centrale.

Sterne, hanche, exinguinal et moitié du fémoral, jaune brulé: le reste des pattes noir.

Largeur de l'abdomen				0^m,0130
Longeur				0^m,0100
»	du	céphalothorax		0^m,0045
»	de la	1ère	patte	0^m,0120
»	»	2e	»	0^m,0110
»	»	3e	»	0^m,0090
»	»	4e	»	0^m,0130

Patrie: Cabinda (Angola, Afrique occidentale.)

M. José d'Anchieta.

2 Paraplectana-Anchietae. Nob. (Pl. II, fig. 5)

Abdomen, orbicular, um pouco mais largo que comprido; convexo na face dorsal, deprimido no contorno. Face ventral como na especie antecedente.

Cephalothorax amarello torrado, liso e polido.

Abdomen amarello torrado com tres faxas pretas, uma em fórma de ferradura contorna o abdomen na parte anterior e nos lados, as outras partem da porção curva d'esta faxa, seguem parallelamente ao eixo longitudinal e terminam perto do extremo do abdomen, onde se crusam em X e vão continuar-se contornando a face ventral. Esta é preta com uma faxa amarella transversal na parte posterior do apparelho setifero.

Vinte e um pontos deprimidos na face dorsal sobre as faxas pretas, treze na faxa curva e oito longitudinalmente, sendo quatro em cada faxa central.

Labio, maxillas e sterno, amarello torrado.

Patas anneladas de preto e amarello torrado.

Largura do abdomen				0m,012
Comprimento				0m,011
»	do	cephalothorax		0m,004
»	da	1.ª	pata	0m,012
»	»	2.ª	»	0m,011
»	»	3.ª	»	0m,009
»	»	4.ª	»	0m,013

Patria: Cabinda (Angola, Africa occidental.)

Abdomen orbiculaire, un peu plus large que long, convexe à la face dorsale, déprimé au partour: le reste comme dans l'espèce précédente.

Céphalothorax jaune d'ocre, avec 3 bandes brun foncé: l'une en forme de fer à cheval contourne le céphalothorax à sa partie antérieure et aux côtés; les autres partent de la portion courbe de cette bande, marchent parallelement à l'axe longitudinal et finissent près de l'extrémité de l'abdomen, en se croisant en X et en allant contourner la face ventrale. Cette face est noire avec une bande jaune transversale derrière les filières.

21 points déprimés d'un noir foncé sur les bandes de la face dorsale: 13 sur la bande courbe, 4 sur chacune des deux bandes longitudinales.

Lêvre, machoires et sterne jaune brulé.

Pattes annelées de noir et de jaune brulé.

Largeur de l'abdomen				0m,012
Longeur				0m,011
»	du	céphalothorax		0m,004
»	de la	1ère	patte	0m,012
»	»	2e	»	0m,011

»	»	3e	»	0m,009
»	»	4e	»	0m,013

Patrie: Cabinda (Angola, Afrique occidentale.) M. José d'Anchieta.

Genus **Nephila.** Koch.

Nephila bragantina. Nob. (Pl. II. fig. 4)

Olhos intermediarios collocados sobre uma proeminencia na parte anterior da fronte: os anteriores são os maiores de todos e mais [12] proximos entre si que os posteriores. Olhos lateraes approximados mas não contiguos, collocados sobre tuberculos elevados e obliquos, os anteriores maiores que os posteriores.

Cephalothorax, com a região cephalica quadrada anteriormente e prolongando-se em angulo agudo para a parte posterior, onde se junta á região dorsal por um plano inclinado suavemente; dois tuberculos conicos na linha de juncção das duas regiões.

Abdomen ovalar-alongado, muito levantado sobre o cephalothorax: apparelho setifero inferior.

Cephalothorax e patas, castanho arruivado muito escuro.

Abdomen, amarello brilhante com seis faxas transversaes escuras; uma anterior, larga, cobrindo toda a parte que se projecta sobre o cephalothorax, tres com larguras proximamente eguaes, duas mais estreitas e approximadas entre si. Estas faxas estreitam para os flancos onde se juntam a uma faxa longitudinal da mesma côr. Face ventral, escura, com linhas e pontuações amarellas. (Est. 2.ª, fig. 4-d.)

Sterno, amarello brilhante.

1.º e 2.º pares de patas, com uma malha amarella no extremo do tibial e começo do metatarso.

Pellos, bastos em escova nos ⅔ anteriores do tibial, nas patas do 1.º, 2.º e 4.º pares; pellos curtos e raros no resto das patas.

Comprimento	do	cephalothorax		0^m,009
»	do	abdomen		0^m,022
»	da	1.ª	pata	0^m,049
»	»	2.ª	»	0^m,040
»	»	3.ª	»	0^m,023
»	»	4.ª	»	0^m,038

Patria: Duque de Bragança (interior d'Angola.)

Sr. Pinheiro Bayão.

Yeux intermédiaires placés sur une élévation dans le front, les antérieurs sont les plus grands de touts et plus rapprochés entr'eux que les postérieurs. Yeux latéraux rapprochés par paires, pas contigus, placés sur des tubercules élevés et obliques; les antérieurs plus grands que les postérieurs.

Céphalothorax avec la région céphalique, carrée antérieurement, se prolongeant en angle aigu en arrière: deux tubercules coniques sur la ligne de jonction des deux régions.

Abdomen, triangulaire alongé, assez élevé sur le cephalothorax, se prolongeant à la partie postérieure sur les filières, qui sont inférieures. (V. fig. 4-c)

Région dorsale un peu plus large que la région céphalique, carrée postérieurement.

Céphalothorax et pattes, brun foncé.

Abdomen jaune d'or, avec 6 bandes transversales brun foncé: l'une antérieure sur la portion qui se projecte sur le céphalothorax, trois à peu prés da la même largeur, deux plus étroites et rapprochées. Ces bandes s'amincissent aux flancs où aboutissen à une bande longitudinale de la même couleur.

Face ventrale, brune avec des lignes et des taches jaunes. (Fig. 4-d.)

Sterne, jaune d'or.

Prémière et deuxième paires de pattes, avec une tache jaune dans l'extrémité du tibial et commencement du metatarse.

Poils, serrés en brosse, couvrent presque la totalité du tibial des pattes à l'exception de la troizième.

Longeur	du	céphalothorax		0^m,009
»	de l'	abdomen		0^m,022
»	de la	1ère	patte	0^m,049
»	»	2e	»	0^m,040
»	»	3e	»	0^m,023
»	»	4e	»	0^m,038

Patrie: Duque de Bragança (intérieur d'Angola.)

M. Pinheiro Bayão.

Podophthalma. Gen. n. Nob. (Pl. II. fig. 1-a)

Caractéres genericos.

Olhos, deseguaes, dispostos em quatro ordens de dois olhos: a primeira está collocada no bordo frontal, as outras acham-se sobre a proeminencia da região cephalica. Os olhos frontaes estão collocados na extremidade de dois tuberculos conicos truncados, um pouco inclinados, de modo que os eixos visuaes são totalmente inferiores. Os olhos das duas ordens intermediarias formam um pequeno quadrilatero inscripto n'um outro maior formado pelos das ordens extremas. Os olhos da ultima ordem são grandes e collocados sobre tuberculos voltados lateral e posteriormente. (Est. 2.ª, fig. 1-a.)

Maxillas, divergentes, chanfradas anteriormente, dilatadas na base. Labio hexagonal. (Est. 2.ª, fig. 1-b.)

Caractères génériques.

Yeux, inégaux entr'eux, disposés sur quatre rangs de deux yeux; le prémier rang est sur le front, les autres rangs sont disposés sur la convexité de la région céphalique. Les antérieurs sont placés sur des tubercules coniques tronqués, un peu inclinés en bas, de manière que les essieux visuels sont complètement inférieurs. Les yeux des deux rangs intermédiaires forment un petit quadrilatère, inscript dans un autre plus grand formé par les rangs extrêmes. Yeux du dernier rang grands et placés sur des tubercules tournés en dehors et en arrière. (Pl. 2, fig. 1-a.)

Machoires, divergentes, échancrées au bord antérieur, dilatées à la base. Lêvre hexagonal. (Fig. 1-b.)

Podophthalma Bayonianna. Nob. (Pl. II fig. 1)

Olhos da primeira ordem collocados sobre tuberculos compridos, curvos na extremidade; eixos visuaes dirigidos para baixo: os olhos da segunda ordem são os mais pequenos de todos, e estão mais approximados entre si que os da terceira ordem, que são os immediatos na ordem crescente de tamanho; olhos da quarta ordem maiores que os das outras ordens, collocados sobre tuberculos com os eixos visuaes voltados lateral e posteriormente.

Cephalothorax com a região cephalica proeminente; região dorsal arredondada dos lados e na parte posterior.

Abdomen, conico, alongado, um pouco levantado anteriormente sobre o cephalothorax; apparelho setifero terminal.

Patas, muito compridas, cobertas de pellos compridos, delgados e espinhos articulados.

Côr geral, pardo avermelhado: cephalothorax [14] e abdomen cobertos de pellos bastos e curtos: alguns pellos compridos rodeiam os olhos da ordem posterior.

Dorso do abdomen, com uma faxa central e longitudinal escura; duas faxas claras aos lados d'esta; nos flancos duas faxas escuras recortadas em dentes de serra dos lados que tocam as faxas claras. Duas manchas redondas pretas na parte anterior do abdomen. Face ventral com uma pintura analoga.

Patas escuras com alguns anneis mais claros.

Seis individuos femeas possue o Museu de Lisboa; dois vieram do districto Duque de Bragança, enviados pelo sr. Bayão, os restantes foram colligidos pelo sr. José d'Anchieta em Rio Quilo.

Comprimento	do	cephalothorax		0^m,007
»	do	abdomen		0^m,012
»	da	1.ª	pata	0^m,041
»	»	2.ª	»	0^m,039
»	»	3.ª	»	0^m,030
»	»	4.ª	»	0^m,041

Não demos a conhecer este genero na época em que o recebemos do Duque de Bragança (1864), porque o exemplar vinha em muito mau estado, apenas podia observar-se a notavel disposição dos olhos, o resto não era possivel ser estudado, pois o exemplar estava secco e vinha cravado juntamente com alguns insectos. Ficámos esperando a acquisição de mais exemplares que chegaram ultimamente em dezembro de 1865. No entanto podemos apresentar uma testemunha respeitavel para mostrar que já conheciamos este genero em 1864: o sr. James Yates Johnson, passando por Lisboa n'esta época viu o arachnidio e o desenho da disposição dos olhos, desenho que se acha reproduzido na est. 2.ª, fig. 1-a.

Yeux du premier rang placés sur des tubercules allongés et courbés à l'extremité; essieux visuels dirigés en bas: les yeux du second rang sont les plus petits de tous, et plus rapprochés que ceux du troisième, qui sont les immédiats dans l'ordre croissante de grandeur; yeux du quatrième rang, plus grands que ceux des autres rangs, placés sur des tubércules à éssieux visuels dirigés en dehors et en arrière.

Céphalothorax avec la région céphalique élevée en bosse; région dorsale arrondie aux cotés et en arrière.

Abdomen conique allongé, un peu élevé sur le céphalothorax, filières terminales.

Pattes assez longues, couvertes par des poils longs et minces, parmi ces poils il y en a qui sont épineux longs et articulés.

Couleur générale brun rougeâtre: cephalothorax et abdomen couverts de poils en velours: quelques poils longs autour des yeux du dernier rang.

Dos de l'abdomen avec une bande longitudinale brune; deux bandes blanches aux cotés de cette bande, deux bandes brunes dentelées aux flancs. Face ventrale avec une peinture semblable. Deux taches noires à la partie antérieure de l'abdomen.

Pattes brunes avec quelques anneaux plus clairs.

Six femelles posséde le Musée de Lisbonne; deux envoyées par M. Pinheiro Bayão, du Duque de Bragança; les autres ont été apportées par M. José d' Anchieta, qui les a colligées á Rio Quilo.

Longeur	du	cephalothorax		0^{m},007
»	de l'	abdomen		0^{m},012
»	de la	1ère	patte	0^{m},041
»	»	2^{e}	»	0^{m},039
»	»	3^{e}	»	0^{m},030
»	»	4^{e}	»	0^{m},041

[15]

Genus **Deinopis.**
Mac Leay.

1 Deinopis Anchietae. Nob. (Pl. II. fig. 2)

Olhos excessivamente deseguaes; os lateraes da primeira ordem collocados sobre tuberculos com os eixos visuaes voltados para baixo; os intermediarios muito proximos, muito pequenos e collocados sobre uma eminencia. Olhos da segunda ordem immensamente grandes (o seu diametro mede proximamente ⅓ da largura da fronte). Olhos da terceira ordem muito affastados dos frontaes, collocados na base e aos lados da parte elevada e saliente da região cephalica. (Est. 2.ª, fig. 2-a-b-c.)

Cephalothorax com a região cephalica muito elevada e saliente anteriormente, prolongando-se em uma peça polygonal chanfrada na parte anterior, formando dois lobulos triangulares franjados nos bordos: estes prolongamentos cobrem os olhos frontaes, de modo que não podem ser vistos quando se observa o arachnidio pela parte superior. O resto do cephalothorax é proximamente elyptico, convexo.

Abdomen conico, com dois tuberculos verticaes no terço anterior do seu comprimento; dois pequenos tuberculos no extremo posterior; apparelho setifero inferior.

Patas decrescendo successivamente de grandeza, da primeira á quarta. Femural do primeiro par com o bordo interno dilatado na base e franjado de pellos: os dois bordos no primeiro par e o bordo externo nos outros pares de patas, apresentam espinhos moveis, curtos, espaçados, acompanhados de pinceis de pellos.

Corpo coberto de pellos espinhosos curtos.

Côr geral, castanho claro: uma mancha preta triangular na parte anterior do abdomen com o vertice voltado para a frente e os angulos da base sobre os tuberculos do dorso: uma mancha em losango no meio [16] d'estes tuberculos, seguida por traços crusados que se continuam até o extremo do abdomen. Face ventral e flancos manchados irregularmente de escuro.

Comprimento do cephalothorax $0^m,007$

»	do	abdomen		0m,013
»	da	1.ª	pata	0m,040
»	»	2.ª	»	0m,039
»	»	3.ª	»	0m,026
»	»	4.ª	»	0m,025

Patria: Rio Quilo (Angola, Africa occidental.)

Offerecido pelo sr. José d'Anchieta.

Yeux excessivement inégaux entr'eux; les latéraux du premier rang placés sur des tubercules, avec les essieux visuels tournés en bas et en dehors; les intermédiaires très petits, rapprochés et placés sur une élévation. Yeux du second rang démesurement grands (leurs diametres sont à peu prés égaux au tiers de la largeur du front), placés à la partie supérieure du front. Yeux du troisiéme rang très éloignés des fronteaux, placés aux côtés et à la base de la région céphalique. (Pl. 2, fig. 2-a-b-c.)

Céphalothorax avec la région céphalique très élèvée et saillante à la partie antérieure, se prolongeant dans une sorte de capuchon polygonal, échancré au bord antérieur et présentant deux lobules triangulaires bordés de poils: ces lobules couvrent les yeux frontaux, de manière qu'on ne peut pas les appercevoir quand'on regarde l'araneïde par dessus. La région dorsale est bombée et arrondie.

Abdomen, conique, avec deux tubercules verticaux au tiers antérieur: deux petits tubercules à l'extrémité postérieure; filières inférieures.

Les pattes diminuent successivement de grandeur de la première à la quatrième. Le fémoral de la première paire a le bord interne dilaté et bordé de poils: les deux bords dans la première paire et le bord externe dans les autres paires de pattes, présentent cá et là des épines articulées, courtes, entourées de poils à la base. Corps couverts de poils épineux très courts.

Teinte générale, brun jaunâtre: une tache triangulaire noire à la partie antérieure de l'abdomen, avec le vertice tourné en avant et les angles de la base sur les tubercules du dos: Une tache en losange au milieu de ces tubercules; cette tache est suivie par différents traits croisés qui se continuent jusqu'à l'extrémité de l'abdomen. Face ventrale et flancs tachés irréguliairèment de noir.

Longeur	du	céphalothorax		0^{m},007
»	de l'	abdomen		0^{m},013
»	de la	1ère	patte	0^{m},040
»	»	2^{e}	»	0^{m},039
»	»	3^{e}	»	0^{m},026
»	»	4^{e}	»	0^{m},025

Patrie: Rio Quilo (Angole, Afrique occidentale.)

M. J. d'Anchieta.

2 Deinopis Bubo. Nob. (Pl. II, fig. 3)

Olhos da primeira linha, proximamente eguaes e a eguaes distancias; os lateraes collocados sobre tuberculos com eixos visuaes completamente inferiores: os intermediarios estão collocados sobre uma eminencia alongada transversalmente. Olhos da segunda linha muito grandes, pretos, cercados de pellos brancos. Proeminencia anterior do cephalothorax pouco avançada, terminada por dois prolongamentos triangulares, estreitos e franjados de pellos. Estes prolongamentos collocados sobre um par de olhos frontaes muito grandes, dão á fronte a apparencia d'uma cabeça de Bufo (Bubo), d'onde tiramos o nome especifico. (V. est. 2.ª, fig. 3-a) Olhos dorsaes affastados dos frontaes e collocados proximamente a ⅓ da parte anterior da região cephalica.

Esta região termina-se posteriormente em angulo agudo, e prolonga-se muito sobre a região dorsal, que é arredondada nos bordos latero-anteriores, em linha recta aos lados, e mais estreita na extremidade posterior que é cortada a angulo recto. (Est. 2.ª, fig. 3-b.)

[17] Abdomen proximamente cylindrico, da mesma largura do cephalothorax: a parte anterior não se projecta sobre este.

Côr geral, cinzento escuro. Cephalothorax orlado de branco nos lados; região cephalica tambem orlada de branco.

Patas excessivamente compridas, principalmente as do primeiro par.

Comprimento	do	cephalothorax		0^m,007
»	do	abdomen		0^m,012
»	da	1.ª	pata	0^m,080
»	»	2.ª	»	0^m,056
»	»	3.ª	»	0^m,040
»	»	4.ª	»	0^m,039

Patria: Rio Quilo (Africa occidental.)

Sr. Anchieta.

Yeux du premier rang à peu près egaux et à égales distances entr'eux; les latéraux placés sur des tubercules, à éssieux visuels tournés en dehors et en bas; les intermédiaires sur une éminence allongée transversalement. Yeux du deuxième rang très grands, noirs, bordés de poils blancs. Prolongement antérieur de la région céphalique constituée par deux pointes triangulaires bordées de poils, dirigées en avant et en haut, placées sur le front et au dessus des yeux du deuxième rang. Ces pointes, semblables à des aigrettes, placées au dessus d'une paire d'yeux très grands, donnent au front l'apparence d'une tête de Duc (Bubo), d'où nous avons tiré le nom spécifique. (Pl. 2, fig. 3-a.)

Yeux dorsaux eloignés des frontaux; placés à peu près au tiers antérieur de la région céphalique. Cette région se termine postérieurement en angle aigu, et se prolonge assez sur la région dorsale, qui est arrondie aux bords latero-antérieurs, presque en ligne droite aux cottés, et plus étroite à l'extremité, qui est coupée carrément. (Pl. 2, fig. 3-b.)

Abdomen à peu près cylindrique, de la même largeur du céphalothorax; la partie antérieure ne se projecte pas sur celui-ci.

Teinte générale gris noirâtre. Céphalothorax bordé de blanc aux cottés: région céphalique bordée de blanc.

Pattes excessivement longues, surtout celles de la première paire.

Longeur	du	céphalothorax		0^m,007
»	de l'	abdomen		0^m,012
»	de la	1ère	patte	0^m,080
»	»	2^e	»	0^m,056
»	»	3^e	»	0^m,040
»	»	4^e	»	0^m,039

Patrie: Rio Quilo (Afrique occidentale.)

M. Anchieta

Est. I.

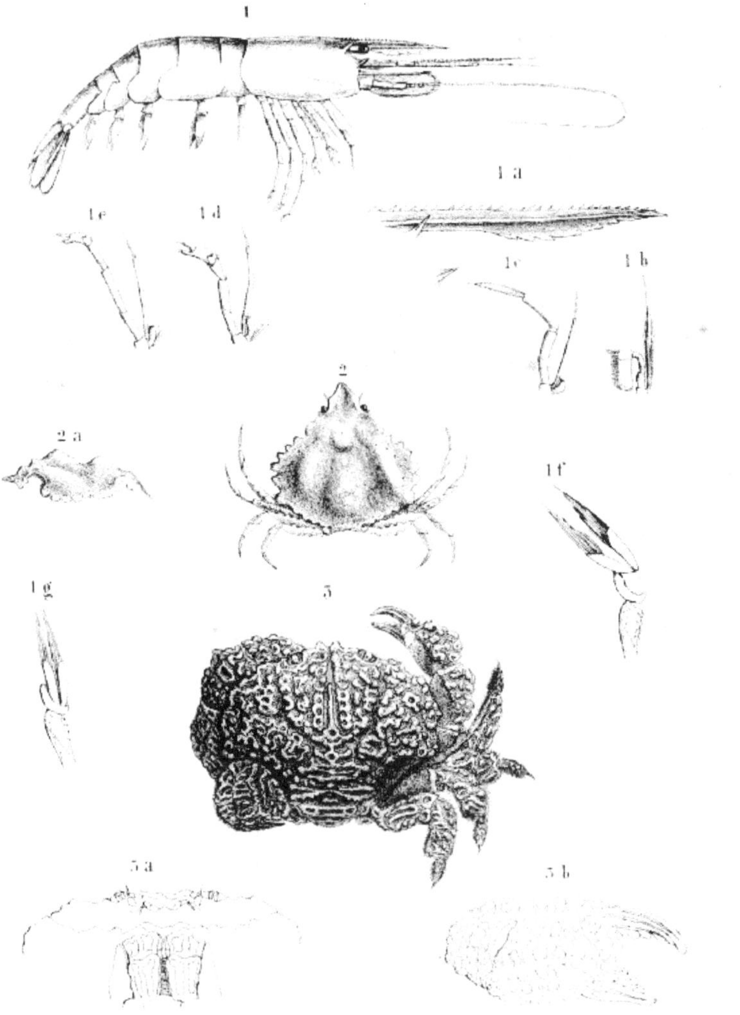

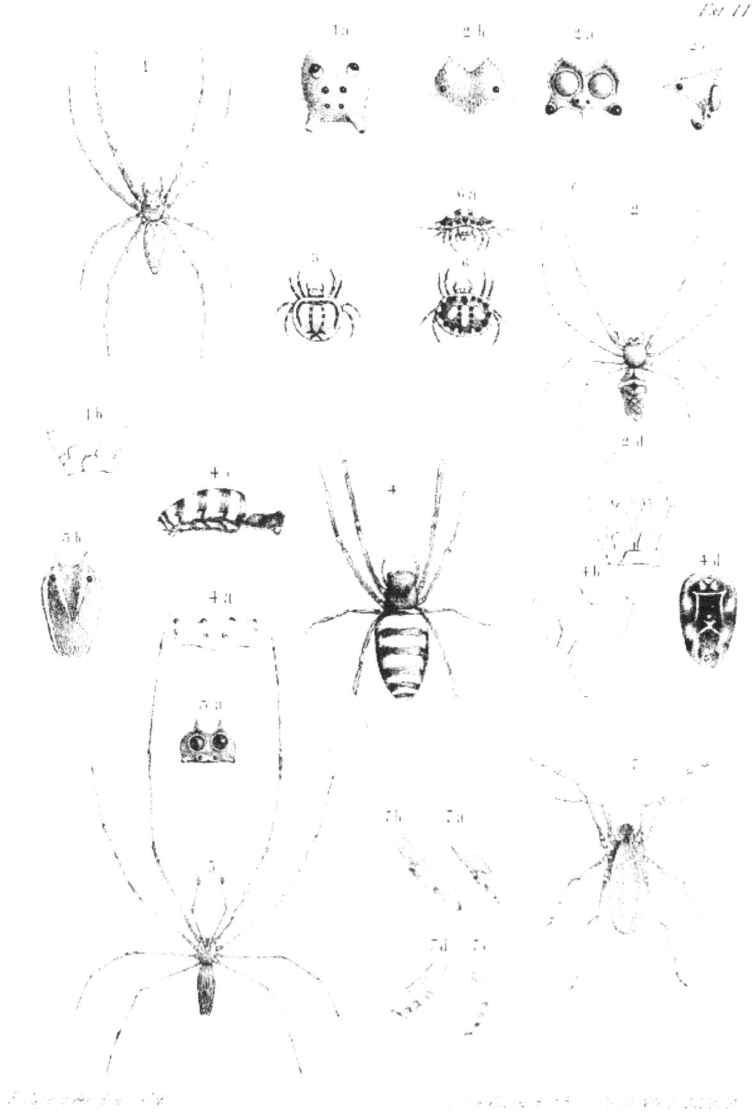

EXPLICAÇÃO DAS ESTAMPAS

ESTAMPA I

Fig. 1 *Atyaephyra Rosiana*. Nob. amplificada 3 vezes em diametro.

» 1-a, Rostro mais amplificado.

» 1-b, 1-c. 2ª e 1.ª patas maxillas.

» 1-d, 1-e. 1.ª e 2.ª patas thoracicas.

» 1-f, 1-g. Mão da *Atya scabra* (amplificada) aberta, e na posição natural.

» 2. *Lambrus setubalensis*. Nob. amplificado 2 vezes em diametro.

» 2-a. Carapaça vista de perfil.

» 3. *Actaea angolensis*. Nob. tamanho natural.

» 3-a. Porção anterior da carapaça, vista pela parte inferior, para mostrar a juncção dos bordos latero-anteriores com o quadro bocal.

» 3-b. Mão amplificada, vista pela parte externa.

ESTAMPA II

Fig. 1. *Podophthalma Bayoniam*. Nob. foem. ad. tamanho natural.

» 1-a. Região cephalica e olhos.

» 1-b. Labio e maxillas.

» 2. *Deinopis Anchietae*. Nob. foem. ad. tamanho natural.

» 2-a, 2-b, 2-c. Região cephalica e olhos, de frente, pela parte superior e de perfil (amplificado).

» 2-d. Apparelho bocal.

» 3. *Deinopis bubo.* Nob. masc. ad. tamanho natural.

» 3-a. Fronte e olhos (amplificado).

» 3-b. Cephalothorax e olhos dorsaes, idem.

» 4. *Nephila Bragantina.* Nob. foem. ad. tamanho natural.

» 4-a. Fronte e olhos (amplificado).

» 4-b. Labio, maxillas e palpos, idem.

» 4-c. Cephalothorax e abdomen de perfil.

» 4-d. Face ventral do abdomen.

» 5. *Paraplectana Anchietae.* Nob. foem. ad. tamanho natural.

» 6. *Paraplectana Cabindae.* Nob. vista pela parte superior e de frente, idem.

» 7. *Trogulus* esp. n.? *tricarinatus*? *nepaeformis*? amplificado 2 vezes em diametro.

» 7-a, 7-b, 7-c, 7-d. Extremidade do metatarso c tarso da 1.ª, 2.ª, 3.ª e 4.ª patas.

EXPLICATION DES PLANCHES

PLANCHE I

Fig. 1 *Atyaephyra Rosiana.* Nob. 3 fois en diamètre.

» 1-a. Le rostre.

» 1-b, 1-c. 2.e et 1.e pattes machoires

» 1-d, 1-e. 1e et 2e pattes thoraciques.

» 1-f, 1-g. Mains de l'*Atya scabra*, dans la position normale, et ouverte.

» 2. *Lambrus setubalensis*, 2 fois en diamètre.

» 2-a. La carapace vue de profil.

» 3. *Actaea angolensis.* Nob. grandeur naturelle.

» 3-a. La partie antérieure de la carapace, vue en dessous, pour montrer la jonction des bords latero-antérieurs avec le cadre buccal.

» 3-b. Main vue de front.

PLANCHE II

Fig. 1 *Podophthalma Bayoniana.* Nob. grandeur naturelle.

» 1-a. Région céphalique et yeux.

» 1-b. Machoires et lêvre.

» 2. *Deinopis Anchietae.* Nob. foem. ad. grandeur naturelle.

» 2-a, 2-b, 2-c. Région céphalique et yeux vus de front, par dessus et de profil.

» 2-d. Apareil buccal.

» 3. *Deinopis bubo.* Nob. masc. ad. grandeur naturelle.

» 3-a. Front et yeux frontaux.

» 3-b. Céphalothorax et yeux dorsaux.

» 4. *Nephila Bragantina.* Nob. foem. ad. grandeur naturelle.

» 4-a. Front et yeux.

» 4-b. La bouche.

» 4-c. Céphalothorax et abdomen de profil.

» 4-d. Face ventrale de l'abdomen.

» 5. *Paraplectana Anchietae.* Nob. foem. ad. grandeur naturelle.

» 6. *Paraplectana Cabindae.* Nob. foem. ad. grandeur naturelle.

» 7. *Trogulus* esp. n.? *nepaeformis*? *tricarinatus*? double de grandeur.

» 7-a, 7-b, 7-c, 7-d. Extremité du metatarse et tarse des 1ᵉ, 2ᵉ, 3ᵉ et 4ᵉ pattes

Notas:

[1] *Annales and Magazine of Nat. History*, n. 95, novembre, 1865.

[2] *Dictionnaire Univ. d'Histoire Naturelle*, V, pag. 525.

[3] *Hist. des Insectes apt.*, t. IV, pag. 477.